# Low Carb Vegan

***Das Low Carb Vegan Kochbuch mit 50 veganen Rezepten- schnell und gesund abnehmen mit Low Carb***

1. Auflage 2018

# Inhaltsverzeichnis

# Einleitung

Rein pflanzlich, und das mit wenig Kohlenhydraten?

Vegan und "Low Carb" - zwei Begriffe, die nicht in einen gemeinsamen Satz gehören? Eine unmögliche Kombination ist es nicht, denn auch die rein pflanzliche Welt bietet eine Vielzahl an Lebensmitteln mit niedrigem Glykoindex.

*Warum Kohlenhydrate?*

Kohlenhydrate sind die wichtigsten Energielieferanten unseres Körpers. Sie liefern uns verschiedene Zucker, darunter Glukose, welcher unserem gesamten Körper und vorallem dem Gehirn Kraft gibt. Ohne diesen und vielen weiteren, langkettigen Boostern sind wir unkonzentriert, fangen schnell an zu frieren und werden von Schwächeanfällen, wie z.B. Schwindel geplagt. Ein Leben ganz ohne unseren Kraftstoff ist kaum vorstellbar.

*Alles klar - aber warum dann doch lieber "low"?*

Zu viel des Guten ist nicht unbedingt besser. Bestimmte gesundheitliche Umstände verbieten es uns, zu viel Zucker zu uns zu nehmen. Diese Umstände reichen von genetischen und angeborenen Krankheiten bis hin zu erworbenen Erkrankungen, welche sich bedingt durch unsere Umwelt oder unseren Lebensstil entwickelt haben. Die bekanntesten und häufigsten unter ihnen sind Schilddrüsenerkrankungen, Diabetes, Darminfektionen durch Hefepilze und Adipositas (Fettleibigkeit). Im Falle einer dieser Erkrankungen sollte der Verzehr von Kohlenhydraten stark reduziert oder möglichst gemieden werden.

Auch kann eine Low Carb-Ernährung bei der kurz- oder langfristigen Gewichtsreduzierung helfen. Die Gründe hierfür sind z.B. der starke An- und Abstieg des Blutzuckerspiegels bei Konsum von stark zuckerhaltigen Lebensmitteln, sodass sich ein schnelles, wiederkehrendes Hungergefühl aufgrund des schnellen Abstiegs einstellt. Und nicht nur im Blut liegen die Gründe: auch unser Nervensystem reagiert auf die Glukose durch Ausschüttung von Glückshormonen und besonders in Fällen depressiver Verstimmung kann unser Körper dadurch wortwörtlich abhängig von dem Zucker werden.

Bei Interesse zu diesem Thema sollten am besten Informationen aus Büchern oder dem Internet vorangezogen werden. Die einzelnen Fälle und Reaktionen auf molekularer Basis zu erklären würde wahrscheinlich den Rahmen dieses Buches sprengen.

*Sollten dann nicht auch tierische Produkte gegessen werden?*

Fleisch, Fisch, Ei- und Milchprodukte wären für eine kohlenhydratarme Ernährung bestimmt der einfache „Ausweg“, da sie relativ wenig Zucker und viel Protein enthalten, jedoch werden sie aus gutem Grund nicht in den Rezepten dieses Buches vorkommen. So wie viele andere Kochbücher ist auch dieses dafür konzipiert worden, um dem Leser zu zeigen, was für kulinarische Möglichkeiten sich da verbergen, wo die Produkte der industriellen Massentierhaltung keinen Platz haben.

Sich vegan zu ernähren ist nicht bloß zu einem Trend geworden, der der Konsumgesellschaft aufgetischt wurde. Im Grunde genommen geht es dabei nicht um den Kauf verschiedener Fleisch- und Milchersatzprodukte, weil sie jetzt im (Kühl-)Regal stehen, oder weil sich hinter dieser neuen „Ernährungsbewegung" ein gesundheitlicher Vorteil verstecken könnte (was sogar präziser betrachtet wahr ist). Mittlerweile weiß fast jeder, der ab und zu die Medien verfolgt, von den Auswirkungen der globalen Erwärmung, des Klimawandels und der Luftverschmutzung Bescheid; doch nur wenige wissen, dass mindestens 30 Prozent davon durch die industrielle Massentierhaltung - und alles, was dazu gehört -

verursacht werden. Schuld daran ist nicht nur die qualvolle, dichte und unökologische Haltung der Tiere, sondern auch der Anbau des Tierfutters, für welchen täglich eine Fläche von Köln im tropischen Regenwald vernichtet wird. Dieser und viele weitere (gesundheitliche und ethische) Gründe lassen manche Menschen nochmal ihr Handeln überdenken um sich auf eine neue, spannende und in keinem Punkt weniger genüssliche Ernährung gefasst zu machen.

# Essenzielle Bestandteile einer Low Carb-Diät

Bei der Low Carb-Diät spalten sich die Lebensmittel in solche, die

- jeden Tag zu jeder Zeit gegessen werden können
- jeden Tag nur zu früher Zeit und in Maßen gegessen werden sollten (Frühstück, gelegentlich auch zum Mittagessen)
- und jene, die selten (je nachdem, wie streng die Diät durchgezogen wird) einmal die Woche bis einmal im Monat in kleinen Mengen gegessen werden dürfen

Zu den Lebensmitteln, die jederzeit gegessen werden dürfen, gehören unter anderem Gemüse (diverses stärkefreies Gemüse wie z.B. Kohlgemüse, Paprika, Zucchini, Pastinaken, Auberginen, Fenchel, Sellerie, Blattgemüse wie Spinat und andere Salate, Wildkräuter etc.), Nüsse und Samen, Pilze und Beeren (Erdbeeren,

Himbeeren, Brombeeren, Heidelbeeren, Johannisbeeren, Cranberrys). Weitere erlaubte Lebensmittel sind Avocado, saure Früchte wie Tomaten, Zitronen, Limetten und Grapefruits.

Neben dem stärkefreien Gemüse sollte auch leicht stärkehaltiges Gemüse verzehrt werden. Dazu gehören unter anderem Artischocken, Karotten, Keimlinge, Mangold und Rote Beete.

In sämtlichen Foren und Kreisen rund um das Thema Low Carb (vor allem Low Carb vegan) wird vermutlich heute noch über das Thema Hülsenfrüchte gestritten. Während die einen behaupten, dass Hülsenfrüchte aufgrund ihres hohen Stärkegehalts kaum gegessen oder gar gemieden werden sollten, sagen die anderen, dass sie als wertvolle Eiweißlieferanten auf jeden Fall auf den veganen Low Carb-Teller gehören. Fest steht, dass jeder „Low Carber“ sein eigenes Limit an Kohlenhydraten am Tag festsetzt (oder vom Arzt/Ernährungsberater festgesetzt bekommt) – dadurch erweitert oder verkleinert sich der Spielraum für stärkehaltige Produkte. Bei einem relativ großen Spielraum jedoch ist es auf jeden Fall gesund, mindestens einer Mahlzeit am Tag Hülsenfrüchte hinzu zu fügen, seien es Bohnen, Erbsen oder Linsen.

Auch das Obst wird vom Limit bestimmt. Ist das Limit gering, sollten hauptsächlich Beeren, Zitronen, Guaven und Rhabarber verspeist werden, am besten zum Frühstück oder als Snack. Andere Obstsorten wie Pfirsiche, Kiwis, Wassermelonen, Orangen, Aprikosen und Papayas haben ebenfalls einen relativ geringen Zuckeranteil und können daher hin und wieder unbedenklich verzehrt werden.

Was bei der Low Carb-Diät vermutlich den meisten schwer fällt, ist das Meiden von Getreide. Kartoffeln, Nudeln, weißer Reis, Grieß, Haferflocken, Brot und sonstige Teigwaren sind tabu. Getreide kann höchstens einmal im Monat, wenn es keine ernsten gesundheitlichen Bedenken gibt, verspeist werden. Doch es gibt eine gute Nachricht: es gibt Ausnahmen, nämlich gute Kohlenhydrate.

## *Quinoa, Amaranth und Buchweizen*

Diese Trio-Partner, die allesamt zu den Pseudogetreiden gehören, bringen viele wichtige Nährstoffe mit sich: sie alle enthalten hohe Mengen an Eiweißen, Mineralien und Vitaminen und gehören zu einer veganen Low Carb-Ernährungsweise dazu. Aber auch sie müssen mit Bedacht genossen werden; lediglich ihre Nährstoffwerte machen sie zu Ausnahmen.

## *Hirse und Mais*

Weitere Getreide mit vielen Spurenelementen, die nicht gänzlich fehlen sollten. Auch Mais und Hirse sind in kleinen Mengen zu verzehren.

## *Konjak- und Gemüsenudeln*

Wenn es eine Alternative zum Getreide gibt, dann ist es definitiv Gemüse. Das sollte vor Quinoa & co immer als Erstes in Betracht gezogen werden. Nudeln aus Gemüse wie Zucchini, Möhren, Auberginen, Gurken etc. sind nicht umsonst im Trend. Mit einem Gemüse-Spiralschneider oder einem Sparschäler sind sie ganz einfach zu machen. Ebenso sind die Nudeln aus der Konjakwurzel ein Muss für die Low Carb-Küche. Diese gibt es bereits fertig verpackt in Tüten; man findet sie in Drogerien, Reform- und Bioläden, sowie im gut sortierten Supermarkt.

## *Zucchini*

Neben Gemüsepasta lässt sich aus der Zucchini noch viel mehr machen: Zucchiniflocken (anstelle von Haferflocken), Lasagneplatten und Cannelloni.

### *Blumenkohl*

Aus Blumenkohl lässt sich wunderbar ein Reisersatz machen, wenn man ihn zerkrümelt, grob hackt oder ein wenig mit dem Mixer durch Schleudern nachhilft. Dieser Reis eignet sich perfekt für Puddings, Milchreis und Sushi.

Es gibt viele Möglichkeiten, Gemüse in Rezepte hinein zu schmuggeln, welche im eigentlichen Sinne richtige „Getreidepakete" sind. Einige davon können in den Rezepten dieses Buches wiedergefunden werden. Durch Probieren und Experimentieren gelangt man zu noch mehr Entdeckungen der alternativen Low Carb-Ernährung. Und jetzt: viel Spaß beim Tüfteln und Kochen!

# Rezepte

## *Frühstück*

### Tofu-„Rührei“ (20 Minuten)

Zutaten (für 1-2 Portionen):

100 g Tomaten

1 Zwiebel

1 Knoblauchzehe

1 EL Öl

400 g Tofu natur

100 g Pflanzensahne (Nusssahne)

1 TL Currypulver

¼ TL Kala Namak (schwarzes Salz; erhältlich im Bio- und Asienladen, Reformhaus) frisch gemahlener schwarzer Pfeffer

1 TL Hefeflocken (erhältlich im Bioladen und Reformhaus)

Schnittlauchröllchen (zum Garnieren, optional)

Tomaten waschen und würfeln, Zwiebel und Knoblauch schälen und fein würfeln. In einer Pfanne die Tomaten im Öl andünsten, Zwiebel und Knoblauch dazugeben. Den Tofu mit den Fingern dazu bröseln und mit andünsten lassen. Die Sahne dazu gießen und die Gewürze untermischen. Zum Schluss nach Wunsch mit Schnittlauchröllchen garnieren.

## Homemade Müsli (25 Minuten)

Zutaten:

Nüsse, ungesalzen und ungeröstet(verschiedene, z.B. Haselnüsse, Cashews, Walnüsse etc.)

Samen ungesalzen und ungeröstet, (verschiedene, z.B. Sonnenblumenkerne, Kürbiskerne, Hanfsamen etc.)

Stevia nach Belieben

Beeren, z.B. Erdbeeren

Backofen auf 180°C Ober- und Unterhitze vorheizen vorheizen. Beliebige Nüsse in den Mengen Ihrer Wahl zusammen mit Stevia 20 Minuten rösten, dabei alle 5 Minuten umrühren. Die Samen einzeln auf hoher Stufe unter ständigem Rühren in einer Pfanne rösten. Zum Schluss Samen und Nüsse in einer großen Schüssel miteinander vermischen und mit frischen Beeren genießen. Das Müsli (ohne Beeren) kann auch auf Vorrat zubereitet werden. Dafür einfach größere Mengen zubereiten und in einem Behältnis luftdicht verschließen, so hält es sich etwa zwei Wochen.

## Blumenkohl-Milchreis (20 Minuten)

Zutaten (für 2 Portionen):

175 g Blumenkohl

100 ml Kokosmilch

1 EL Kokosraspeln

1/2 EL Zimt

0,5 TL Vanille (gemahlen)

Stevia zum Süßen

Den Blumenkohl waschen und vom Strunk und den Blättern befreien. In der Küchenmaschine oder im Standmixer auf die Größe von Reiskörnern zerkleinern (Achtung: das Gerät sollte zu höchstens 1/3 gefüllt sein!). Zusammen mit der Kokosmilch in einem Topf unter Rühren zum Kochen bringen. Sobald es anfängt zu Kochen, bei kleiner Hitze 10 Minuten köcheln lassen.

Schließlich vom Herd nehmen, Vanille einrühren und nach Belieben süßen.

## „Porridge“ aus Zucchiniflocken (10 Minuten)

Zutaten (für 1 Portion):

1/2 Becher Mandelmilch

1/2 Becher gefiltertes Wasser

1 1/2 Becher geraspelte Zucchini

1-2 EL Erdnussmus (alternativ: Mandel- oder Cashewmus)

3 EL Chiasamen (alternativ: Leinsamen)

1 TL Zimt

Kokosblütensirup nach Belieben

Die Mandelmilch mit dem Wasser in einem Topf zum Kochen bringen. Hitze reduzieren, Zucchiniraspeln zusammen mit den Chiasamen einrühren und noch 3 Minuten köcheln lassen. Zum Schluss Zimt und Erdnussmus zugeben und mit Sirup süßen. Dazu passen

Beeren und Kokosraspeln.

## Gemüse-Smoothie

Zutaten (für 1 Portion):

¾ Gurke

1 kleine Handvoll Minze

½ Stange Staudensellerie

Saft einer Limette

1 Prise Salz

Wasser nach Bedarf

Kokosblütensirup nach Bedarf

Gurke, Minze und Sellerie grob schneiden und in den Mixer geben. Limette auspressen und den Saft zusammen mit dem Salz dazugeben und alles mixen. Bei Bedarf Wasser und Sirup zugeben und nochmal durchmixen.

## Beeren-Smoothie

Zutaten für 1 Portion:

1 kleine Schale rote und blaue Johannisbeeren

1 Schale Himbeeren

1 Schale Brombeeren

¼ Schale Erdbeeren

2 Blätter Minze

1 Tasse Nussmilch, z.B. Mandelmilch

Zimt nach Geschmack

4 Eiswürfel (optional)

Johannisbeeren gegebenenfalls von den Zweigen lösen. Beeren und Minze waschen und in den Mixer geben. Die restlichen Zutaten dazugeben und alles mixen. Mit Zimt abschmecken.

## Buchweizen-Porridge (15 min)

Zutaten (für 2 Portionen):

150 g Buchweizen

300 ml Mandelmilch

100-200 g Beeren, frische oder TK-Beeren

1 TL Kokosöl

1 Prise Zimt

1 Prise Vanille

1 EL Süßungsmittel, z.B. Stevia

gehackte Haselnüsse nach Belieben

Die Buchweizen über Nacht in kaltem Wasser einweichen. Am nächsten Tag abgießen und mit klarem Wasser abspülen. Die Mandelmilch mit dem Buchweizen und einer Prise Zimt im Topf erwärmen. Anschließend Kokosöl unterrühren.

Beeren zum Buchweizen Porridge dazu geben und kurz erwärmen. Das Porridge mit Ahornsirup, Vanille und Zimt abschmecken.

Zum Schluss mit einigen Beeren und gehackten Haselnüssen garnieren.

## *Zum Mittag, als Snack und für unterwegs*

### Maki Sushi (35 Minuten)

Zutaten (für 2 Rollen):

200 g Naturtofu

3 EL Rapsöl

40 ml Sojasauce

3 EL Süßungsmittel (optional)

50 g Tahin (Sesammus)

470 g Blumenkohlröschen

6 TL Essig

2 EL Mandelmus (oder: Cashewmus)

2 TL Sesamöl

Salz

1 Avocado

1 Möhre

1 Frühlingszwiebel

2 Noriblätter

Sojasoße, Wasabi und eingelegtes Ingwer zum Servieren

Zuerst den Tofu in Scheiben und dann in Streifen schneiden, Rapsöl in einer Pfanne erhitzen und den Tofu 4-5 Minuten anbraten. In der Zeit Sojasauce mit 2 EL Süßungsmittel und Tahin mischen, in die Pfanne geben und ungefähr 1 Minute karamellisieren lassen. Sobald sich auf dem Tofu eine Kruste bildet, diesen auf Küchenpapier abtropfen lassen.

Die Blumenkohlröschen auf die Größe von Reiskörnern hacken. In eine Schale geben und eine Mischung aus Essig, Mandelmus, Sesamöl und 1 EL Süßungsmittel dazugeben, mit Salz würzen.

Die Avocado halbieren und entkernen, das Fruchtfleisch mit einem Löffel herauslösen, in Streifen schneiden. Möhre schälen und in feine Streifen schneiden, Frühlingszwiebel putzen und längs halbieren. Auf die Bambusmatte die Noriblätter legen und auf dem unteren Drittel gleichmäßig den Blumenkohlreis verteilen. Tofu, Avocado, Frühlingszwiebel und Möhre gleichmäßig darauflegen und einrollen. Mit einem Messer die Rollen in mundgerechte Sushi schneiden. Nach Bedarf mit Sojasauce, Wasabipaste und Ingwer servieren.

## Quinoatties/Hirsetten (45 Minuten)

Zutaten (für etwa 10 Scheiben):

200 g Quinoa/Hirse

550 ml Wasser

2 rote Zwiebeln

1 Bund Petersilie

2-3 TL mittelscharfer Senf

3 TL Johannisbrotkernmehl

1 TL Paprika edelsüß

schwarzer Pfeffer

3-4 EL Olivenöl

100 g Tomaten

170 g Sojajoghurt, ungesüßt

6 Oliven

1 TL Süßungsmittel

Salz

schwarzer Pfeffer

In einem feinen Sieb Quinoa/Hirse mit heißem Wasser abbrausen und in einem kleinen Topf bei starker Hitze ohne Deckel solange kochen, bis das Wasser vollständig aufgesaugt wurde.

Währenddessen die Zwiebeln schälen und fein hacken. Petersilie waschen, trocken schütteln und fein hacken.

Quinoa oder Hirse mit Senf, Johannisbrotkernmehl, Paprikagewürz, Petersilie und Zwiebeln zu einer festen Masse mischen, salzen und pfeffern. Sollte die Masse zu trocken ist, etwas Wasser hinzugeben. Patties formen und im erhitzten Olivenöl bei mittlerer oder starker Hitze von jeder Seite etwa 5 Minuten anbraten bis sie etwas Farbe angenommen haben. Schließlich auf Küchenpapier verteilen.

Die Zutaten für den Dip im Mixer zu einer Creme mixen.

Nach Bedarf salzen und pfeffern.

## Kohlrabi-Möhren-Puffer (50 Minuten)

Zutaten (für 16 Puffer):

450 g Kohlrabi

450 g Möhren

schwarzer Pfeffer

Salz

6 gehäufte EL Kichererbsenmehl

6 EL Pflanzensahne (aus Soja oder Nuss)

2 TL getrocknete Liebstöckel

1 Bund Schnittlauch

50 ml Öl zum Braten

Möhren und Kohlrabi schälen, waschen und grob raspeln. 2 TL Salz unterheben und 10 Minuten ruhen lassen. Inzwischen den Schnittlauch waschen, trocknen und in feine Röllchen schneiden.

Zu der Mischung 2 TL Pfeffer, Kichererbsenmehl, Pflanzensahne, Liebstöckel und zum Schluss Schnittlauch hinzufügen und gut vermischen.

Den Backofen auf 100°C vorheizen. 3 EL Öl in einer Pfanne erhitzen und 3 gehäufte EL Masse hinsetzen, dabei einen Puffer von ca. 10 cm Durchmesser formen. Auf mittlerer Hitze 2-3 Minuten auf jeder Seite braten, danach mit Küchenpapier entfetten und zum Warmhalten in den Backofen legen. Auf diese Weise 16 Puffer braten.

## Veggie-Two-Bean-Chili (50 Minuten)

Zutaten (für 4 Personen):

2 mittelgroße Zwiebeln

2 Knoblauchzehen

je 1 kleine gelbe und rote Paprikaschote

1 kleine rote Chilischote

250 g Champignons

1 Dose Kidneybohnen (400 g)

1 Dose Wachtelbohnen (250 g)

2 EL neutrales Pflanzenöl

½ TL Chiligewürz

1 TL getrockneter Oregano

½ TL getrockneter Thymian

Salz

schwarzer Pfeffer

500 g Dosentomaten, gewürfelt

Tabascosauce nach Geschmack

aufschlagbare Kokossahne, nach Belieben

gehacktes Koriandergrün, nach Belieben

Zwiebeln sowie Knoblauch schälen und fein hacken. Paprikaschoten und Chilischote jeweils längs halbieren, entkernen und waschen. Die Paprika in Streifen, die Chili in feine Würfel schneiden. Die Champignons mit einem Küchentuch abreiben und in dünne Scheiben schneiden, dabei die Stielenden entfernen. Die Kidney- und Wachtelbohnen in ein Sieb abgießen und abtropfen lassen.

Das Öl in einem großen Topf erhitzen und Zwiebeln, Knoblauch sowie Chili kurz darin anbraten. Champignons und Paprikastreifen hinzufügen und unter Rühren 2 Minuten mitbraten. Chilipulver, Oregano und Thymian unterrühren. Alles mit Salz und Pfeffer würzen.

Die Tomaten dazugeben und alles zugedeckt bei schwacher Hitze etwa 10 Minuten köcheln lassen. Beide Bohnensorten unterrühren, nochmals mit Salz und Pfeffer abschmecken und weitere 10 Minuten köcheln lassen. Das Gemüse-Chili mit Tabasco abschmecken und in Portionsschalen oder tiefe Teller verteilen. Nach Belieben mit einem Klecks geschlagener Kokossahne und Koriander grün garnieren.

## Hokkaido Fries (25 Minuten)

Zutaten (für 2 Portionen):

750 g Hokkaido-Kürbis

1 TL frisch gehackte Rosmarinnadeln

3 EL Olivenöl

½ TL Paprikapulver, edelsüß

1 TL Grill- und Pfannengewürz

1 TL Salz

Backofen auf 250°C vorheizen. Kürbis waschen, halbieren und entkernen, danach vierteln und mit einem scharfen Messer zu Fritten schneiden. Mit den restlichen Zutaten vermischen, auf ein Backblech mit Backpapier auslegen und auf der obersten Schiene ca. 15 Minuten backen, bis die Fritten leicht gebräunt sind.

## Blumenkohlsalat mit Oliven (40 Minuten)

Zubereitung (für 4 Personen):

1 Blumenkohl

1 kleine, milde rote Chilischote

1 rote Zwiebel

1 Knoblauchzehe

Salz

4 EL Olivenöl

2 rote Paprikaschoten

1 kleines Bund Basilikum

2 EL Balsamico bianco

50 eingelegte Kapern aus dem Glas, abgetropft
je 100 g schwarze und grüne Oliven, ohne Stein

schwarzer Pfeffer

Den Blumenkohl von Blättern und Strunk befreien, in Röschen teilen und waschen. Die Chilischote längs halbieren, entkernen, waschen und fein würfeln. Zwiebel sowie Knoblauch schälen und in feine Streifen schneiden.

Die Röschen mit den Stielen nach oben in einem Topf verteilen und mit Salz bestreuen. Zwiebel und Knoblauchstreifen sowie Chiliwürfel daraufstreuen. Seitlich am Topfrand 250 ml kaltes Wasser angießen und Zutaten mit 2 EL Olivenöl beträufeln. Das Gemüse bei mittlerer Hitze zugedeckt etwa 20 Minuten dünsten. Das gegarte Gemüse in eine Schüllen umfüllen und kurz abkühlen lassen.

Inzwischen die Paprikaschoten längs halbieren, entkernen, waschen und in feine Streifen schneiden. Das

Basilikum waschen und trocken schütteln, die Blätter abzupfen und in Streifen schneiden. Das restliche Olivenöl mit dem Essig verrühren.

Die Essig-Öl-Mischung über den Blumenkohl träufeln. Paprikastreifen, Basilikum, Kapern sowie die grünen und schwarzen Oliven hinzufügen und alles locker vermengen. Den Salat mit grob gemahlenem Pfeffer würzen und mit Salz abschmecken.

## Pikanter Wachsbohnensalat (10 Minuten)

Zutaten (für 4 Portionen):

2 Gläser Wachsbohnen

2 Knoblauchzehen

1 kleine Chilischote

3 EL Zitronensaft

4 EL Olivenöl

2 TL Salz

2-3 TL Kokosblütenzucker oder Xylit

1 Bund Petersilie

10 Cherrytomaten

Wachsbohnen abtropfen lassen. Knoblauch und Chilischote fein hacken und mit dem Zitronensaft, Öl, Salz und Süßungsmittel zu einer Vinaigrette verrühren. Mit den Wachsbohnen vermengen.

Cherrytomaten waschen und vierteln, Petersilie ebenfalls waschen und hacken. Beides unterheben und den Salat etwa eine Stunde im Kühlschrank ziehen lassen.

## Kimchi-Variante (35 Minuten + 5-6 Tage Ziehzeit)

Zutaten (für 2 Liter-Glas, sterilisiert):

1,2 Kohl, z.B. Wirsing oder Chinakohl

60 g Salz

1,25-1,35 l Wasser

3 Lorbeerblätter

3 Wacholderbeeren

1 walnussgroßes Stück Ingwer

4 Frühlingszwiebeln

½ TL Chiliflocken oder Chilipulver

3 TL Paprikapulver, rosenscharf

6 EL Reisessig

6 EL Xylit

4 EL Tamarisauce

Den Kohl putzen, ein großes Blatt entfernen und beiseitelegen. Den Kohl sechsteln, Strunk entfernen und in mundgerechte Stücke schneiden. In einer Schüssel 750 ml heißes Wasser mit Salz vermischen. Das halbe Kohlgemüse, 2 Lorbeerblätter und Wacholderbeeren in das Glas schichten und mit 375 ml des Salzwassers füllen. Danach das restliche Gemüse und das dritte Lorbeerblatt in das Glas schichten. Mit dem restlichen Salzwasser begießen, Inhalt mit einem Löffel herunterdrücken und das beiseitegelegte Kohlblatt zum Schluss auf den Inhalt geben. Bei Bedarf etwas Wasser nachgießen; der Kohl sollte komplett bedeckt sein. Glas 4-5 Tage bei Zimmertemperatur lagern. Einmal täglich den Deckel kurz öffnen.

Nach etwa 5 Tagen den Ingwer schälen und fein würfeln. Frühlingszwiebeln waschen und in feine Ringe schneiden. Beides zusammen mit Chiliflocken, Paprikapulver, Reisessig, Tamarisauce und Xylit vermischen. Das Salzwasser vom fermentierten Kohl abgießen, Wacholder und Lorbeer entfernen. Den Kohl in eine große Schüssel geben und die Ingwermischung darüber gießen. Alles mit den Händen vermischen und schließlich zurück in das Glas füllen. Mit 500-600 l Wasser angießen, sodass der Kohl komplett bedeckt ist.

Das Kimchi ist nun verzehrbar. Je länger es weiterzieht, desto mehr gewinnt es an Würze.

## Flammkuchen mit Kürbis, Lauch und Karotte (50 Minuten)

Zutaten (für 4 Portionen):

1 Paket Pizzateig, vegan (Lizza-Teigplatte)

n. B. Olivenöl

1/2 kleiner Hokkaidokürbis(se)

1 kleine Zwiebel(n), rot

1/2 Stange/n Lauch

1 große Karotte(n)

1 TL Salz

1/4 TL Pfeffer

3 Msp. Muskatnuss, geriebene

n. B. Öl

125 g Sojaquark (Quarkalternative)

1 TL Senf

n. B. Salz und Pfeffer

n. B. Muskatnuss

Das Gemüse waschen und den Kürbis von den Kernen befreien. Die Zwiebel schälen und in feine Streifen schneiden. Das restliche Gemüse in 4 - 5 cm lange Stücke bzw. den Kürbis in kleine Stücke schneiden und in der Küchenmaschine oder von Hand in grobe Raspeln hobeln.

Das Bratöl in einer Pfanne erhitzen und das Gemüse ca. 15 min. braten, bis es gar ist und mit den Gewürzen abschmecken.

Den Ofen auf 200 °C vorheizen, den Teig mit einer Gabel einstechen und mit Olivenöl bestreichen und 8 min. vorbacken.

Währenddessen den Sojaquark mit dem Senf und den Gewürzen vermischen.

Den vorgebackenen Teig mit dem Sojaquark bestreichen, das Gemüse darauf geben und weitere 15 min. backen.

## Kichererbsensalat mit Koriander (35 Minuten)

Zutaten (für 4 Portionen):

4 EL Kokosöl

3 Knoblauchzehen

1 rote Zwiebel

1 EL gemahlener Kreuzkümmel

2 cm Ingwer

½ TL Piment

2 EL Limettensaft

240 g Eiertomaten

250 g Kichererbsen, aus der Dose

1 Bund Koriander

Salz und Pfeffer

Kichererbsen im Sieb abwaschen und abtropfen lassen. Tomaten waschen, trocknen und vierteln. Limette auspressen. Koriander waschen, trocken schütteln und fein hacken. Ingwer, Knoblauch und Zwiebel schälen und fein hacken.

In einer großen Pfanne das Öl bei mittlerer Hitze erhitzen. Zwiebel und Knoblauch unter Rühren goldbraun anschwitzen. Kreuzkümmel, Ingwer, Limettensaft, Piment, Tomaten und Kichererbsen unterrühren. 7-8 Minute bei niedriger Hitze garen.

Zum Schluss mit Salz und Pfeffer abschmecken und mit Koriander bestreut servieren.

## Asia-Rollen (30 Minuten)

Zutaten (für 4 Portionen):

2 Möhren

150 g Knollensellerie

1 kleine Salatgurke

150 g Tofu

8 große Salatblätter (z.B. Eisbergsalat, alternativ: Chinakohlblätter)

Salz

2 TL Wasabi-Paste

Tamarisauce

Den Tofu abtropfen lassen. Möhren und Sellerie schälen und in dünne Streifen schneiden. Gurke waschen, längs halbieren, entkernen und ebenfalls in dünne Streifen schneiden. Nun den Tofu trocken tupfen und in dünne Scheiben schneiden. Die Blätter waschen und trocknen, dickere Blattrippen gegebenenfalls mit dem Messer flach schneiden.

Möhren- und Selleriestreifen in kochendem Salzwasser kurz blanchieren. Die Blätter in ein Sieb geben und das Gemüse mit dem heißen Wasser über die Blätter gießen. Dann kalt abschrecken, abtropfen lassen und trocken tupfen.

Salatblätter am unteren Rand jeweils mit 1-2 Scheiben Tofu belegen und mit etwas Wasabi bestreichen. Gurken, Möhren und Sellerie darauflegen und Blätter fest aufrollen. Asia-Rollen halbieren und mit Tamarisauce servieren.

## Portobello-Burger (30 Minuten)

Zutaten (für 4 Portionen):

1 Paprikaschote, rot

1 Zwiebel

etwas Olivenöl

125 g Tofu

1 EL Chiliflakes

1 EL Tamarisauce

3 Frühlingszwiebeln

8 Portobello-Pilze

Den Tofu abtropfen lassen und würfeln. Die Paprika waschen, entkernen und in kleine Würfel schneiden. Frühlingszwiebeln waschen, trocknen und in Ringe schneiden. Die Zwiebel schälen, kleinschneiden und mit der Paprika in Olivenöl anbraten. Die Tofu-Würfel in Olivenöl braun braten. Anschließend den Tofu zur Paprika mit Chiliflakes und Tamarisauce hinzufügen. Gut umrühren und mit Salz abschmecken.

Die feingeschnittenen Frühlingszwiebeln der Paprika hinzufügen. Die Portobellopilze in Olivenöl braten.Die Paprika über die Portobellos verteilen und einen zweiten Pilz oben drauflegen.

Mit Salat servieren.

## Gemüse-Wraps (30 Minuten)

Zutaten (für 4 Portionen):

4 Wirsingblätter groß

250 ml Gemüsebrühe

50 g (Lupinen-)Tempeh aus dem Bioladen

1 Zwiebel rot, klein

1 TL Kokosöl

Salz

Pfeffer weiß, frisch gemahlen

100 g Rotkohl

½ Orange

1 EL Schnittlauchröllchen

100 g Sojajoghurt

½ EL Petersilie gehackt

1 Spritzer Walnussöl

1 Prise Zimt gemahlen

Die Wirsingblätter waschen und die dicken Blattadern herausschneiden. Die Brühe in einem Topf erhitzen und

die Blätter darin bei mittlerer Hitze 2 Minuten blanchieren. Herausheben, mit kaltem Wasser abschrecken, trocken tupfen und beiseitelegen.
Den Tempeh in feine Streifen schneiden. Die Zwiebel schälen und in feine Streifen schneiden. Das Öl in einer Pfanne erhitzen und die Tempeh-Streifen darin bei starker Hitze anbraten. Die Zwiebelstreifen mitbraten, bis sie glasig sind. Mit Salz und Pfeffer würzen.

Den Rotkohl in feine Streifen schneiden, in einer Schüssel mit etwas Salz bestreuen und kräftig durchkneten. Die Orange schälen und filetieren, dabei den Orangensaft auffangen. Orangenfilets und -saft mit dem Rotkohl vermengen. Den Schnittlauch unterheben.

Den Sojajoghurt in einer Schüssel mit Petersilie, Öl, Salz, Pfeffer und Zimt verrühren. Die Wirsingblätter auf der Arbeitsfläche ausbreiten und je etwas Rotkohlsalat und Tempeh mittig daraufgeben. Die Blätter rechts und links über der Füllung einklappen und von unten beginnend vorsichtig aufrollen.

Eventuell mit Küchengarn zubinden, damit sich die Rollen beim Transport nicht wieder abwickeln. Bei Bedarf in Backpapier gewickelt in die Lunchbox legen. Das Dressing separat mitnehmen.

## Karottencremesuppe (45 Minuten)

Zutaten (für 2 Portionen):

0,5-1 kg Karotten

1 EL Kokosöl

5-10 cm Ingwer

1 Frühlingszwiebel

etwas Wasser

1 Orange

1 TL Kokosblütensirup

½ TL Paprikapulver

½ TL Kreuzkümmel

½ TL Currypulver

½ TL gemahlene Fenchelsamen

Chiliflocken oder Cayennepfeffer nach Geschmack

Salz und Pfeffer

Karotten schälen und raspeln, Ingwer ebenfalls schälen und fein hacken. Frühlingszwiebel waschen, trocken schütteln und ihr Grünes vom Weißen trennen. Beides in

Ringe schneiden. Den Saft einer Orange auspressen. Kokosöl in einer Pfanne auf mittlerer Hitze erhitzen. Ingwer hinzufügen, dann die weißen Enden der Frühlingszwiebel anschwitzen. Karottenraspel und etwa 1 EL Wasser hinzufügen, leicht salzen. Zugedeckt 5 Minuten köcheln lassen.

Anschließend die Hitze über einige Minuten etwas erhöhen, sodass die Karotten leicht karamellisieren. Hitze wieder reduzieren.

Die Hälfte des Orangensafts nach und nach hinzufügen, ebenfalls einköcheln lassen und Sirup zugeben. Schließlich die Gewürze dazugeben (bis auf die Chili), durchrühren und vom Herd nehmen.

Die Suppe leicht abkühlen lassen und mit Pürierstab oder im Mixer pürieren. Mit Salz und Pfeffer abschmecken und mit Chili und dem Grün der Frühlingszwiebeln bestreut servieren.

## *Dips und Pesto*

### Pesto aus Tomaten und Cranberrys (10 Minuten)

Zutaten (für 2 Portionen):

150 g getrocknete Tomaten

5-6 frische Cranberries

100 g Sonnenblumenkerne

8 EL Olivenöl

1 TL Zitronensaft

½ TL Chiliflocken

30 g glatte Petersilie

30 g frisches Basilikum

Cranberries und Kräuter waschen und gut trocknen. Alle Zutaten im Mixer oder in einem hohen Gefäß mit

Pürierstab pürieren, bis die gewünschte Konsistenz erreicht ist.

## Basilikum-Pesto mit Pistazien und Mandeln (10 Minuten)

Zutaten (für 2 Portionen):

3 Bund frisches Basilikum

100 g Pistazien

100 g blanchierte Mandeln

2 Knoblauchzehen

½ rote Chilischote

1 EL Arganöl

7 EL Olivenöl

Salz

Bunter Pfeffer

Basilikum waschen und trocknen, Knoblauch schälen und

grob schneiden. Chilischote waschen, aufschneiden und entkernen.

Alle Zutaten im Mixer oder in einem hohen Gefäß mit Pürierstab pürieren, bis die eine sämige Paste entstanden ist.

## Spinat-Walnuss-Pesto (10 Minuten)

Zutaten (für 4 Portionen):

200 g Spinatblätter

100 g Walnusskerne

2 Knoblauchzehen

100 ml Olivenöl

½ TL fein gemahlener Pfeffer

1 Prise Salz

etwas geriebene Zitronenschale

1 Prise Kreuzkümmel

3 EL Hefeflocken (optional)

Spinatblätter putzen, waschen und trocknen. Walnüsse grob hacken, den Knoblauch schälen und grob schneiden.

Spinat, Walnüsse, Olivenöl und Knoblauch in den Mixer geben und in Intervallen zu einem Pesto mixen. Optional können für einen käsigen Geschmack Hefeflocken dazugegeben werden. Mit Salz, Pfeffer, Kreuzkümmel und etwas Zitronenschale abschmecken.

## Hummus (15 Minuten)

Zutaten (für 4 Portionen):

350 g Kichererbsen aus der Dose

1 Zitrone

4 EL Tahin

2 Knoblauchzehen

gemahlener Kreuzkümmel

1-4 EL Olivenöl

Salz

frisch gemahlener Pfeffer

Kichererbsen in den Mixer geben. Zitrone halbieren und Knoblauch schälen. Beides auspressen und zu den Kichererbsen geben. Die Mischung bis zur cremigen Konsistenz pürieren, dabei immer etwas Olivenöl hinzugeben.

Die Mischung in eine Schüssel geben und mit Tahin vermischen. Stark mit Kreuzkümmel würzen und mit Salz und Pfeffer abschmecken.

## Guacamole (10 Minuten)

Zutaten (für 4 Portionen):

2 Avocados

1 Limette

1 kleine Zwiebel

1 Chilischote, z.B. eingelegte Jalapeño oder frische grüne

1 Tomate

Salz nach Belieben

Die Avocados schälen und mit einer Gabel in einer Schüssel zerdrücken. Gleich den Saft einer Limette dazugeben, damit die Avocado nicht braun wird.

Zwiebel, Chilischote und Tomate in sehr kleine Würfel schneiden. Unter die Avocadomasse rühren. Tipp: Falls die Tomate zu wässrig ist, sollte man sie etwas abtropfen lassen. Guacamole mit Salz abschmecken und gleich servieren.

## *Gerichte für Mittag und Abend*

### Auberginen-Kaviar (35 Minuten)

Zutaten (für 2 Portionen):

1 große Aubergine

2 mittelgroße Tomaten

1 Paprikaschote, bevorzugt grün

1 große Zwiebel

2 Zehen Knoblauch

Öl zum Braten

1 kleines Bund Koriander (alternativ: Petersilie)

1 EL Tomatenmark

150 ml Wasser oder Gemüsebrühe

Salz

Pfeffer

Aubergine, Tomaten und Paprika waschen und würfeln. Koriander waschen, trocken schütteln und hacken. Zwiebel und Knoblauch schälen und beides ebenfalls hacken.

In einer großen Pfanne etwas Öl erhitzen und darin die Zwiebel 3-5 glasig dünsten. Knoblauch, Aubergine und Paprika dazu geben und auf mittlerer Stufe bei geschlossenem Deckel 10 Minuten dünsten, dabei ab und an umrühren. Tomaten und Koriander zufügen und weiter unter geschlossenem Deckel dünsten. Nach 5 Minuten Wasser zugeben, Tomatenmark einrühren und weitere 10 Minuten unter gelegentlichem Rühren weiter dünsten. Dazu passen Gemüsespaghetti, Hirse oder Quinoa.

## Gratinierte Zucchini-Hälften (1 Stunde)

Zutaten (für 4 Portionen):

1 Blumenkohl

3 Frühlingszwiebeln

2 Knoblauchzehen

4 Zucchini

2 EL Olivenöl

schwarzer Pfeffer

Salz

½ Bund Petersilie

5 Zweige Oregano

100 g veganer Streukäse

2-3 EL Gemüsebrühe (glutenfrei)

Den Blumenkohl waschen und trocknen. Die Röschen davon abtrennen und in einem Mixer (oder mit dem Messer) in reiskorngroße Stücke zerkleinern, in eine Schüssel geben. Frühlingszwiebeln waschen und ohne Wurzelansätze klein schneiden. Knoblauch schälen und fein würfeln. Zucchini waschen, der Länge nach halbieren und das Fruchtfleisch mit einem Löffel herauslösen (der Rand sollte ½ Zentimeter betragen). Die Hälfte des Zucchinifleischs klein hacken.

Den Backofen auf 200°C vorheizen. Eine große ofenfeste Form mit 1 EL Öl auspinseln. Einen weiteren EL Öl in einer Pfanne erhitzen und Frühlingszwiebeln, Zucchinifruchtfleisch und Knoblauch etwa 5 Minuten darin braten. Mit Salz und Pfeffer würzen.

Petersilie und Oregano waschen und trocken schütteln, Blätter abzupfen und fein hacken. Die Kräuter, Zucchinimischung und 50 g Streukäse zum

Blumenkohlreis geben und vermengen. Mit Salz und Pfeffer würzen.

Die Zucchinihälften nebeneinander in die Form legen. Die Blumenkohlmischung gleichmäßig in die Hälften verteilen, mit Brühe beträufeln und den restlichen Streukäse darauf verteilen. Die Zucchini im Ofen auf der mittleren Schiene etwa 30 Minuten backen.

## Zucchinibandnudeln aglio olio (35 Minuten)

Zutaten (für 2 Portionen):

2 große Zucchini

2 Knoblauchzehen

1 Möhre

100 g Rucola

50-80 ml Weißwein

schwarzer Pfeffer

1 Frühlingszwiebel

200 g Cherrytomaten

50 ml Olivenöl

Salz

Zucchini waschen und trocknen, die Enden abschneiden

und mit einem Sparschäler längs in feine Bandnudeln schneiden (alternativ mit dem Spiralschneider zu Spaghetti schneiden). Diese mit wenig Salz einreiben und 15 Minuten ruhen lassen. Inzwischen die Tomaten waschen, trocknen und vierteln. Frühlingszwiebel ebenfalls waschen, trocken schütteln und in feine Ringe schneiden. Die Möhre schälen und stiften. Rucola gründlich waschen und trocknen, gegebenenfalls grobe Stiele entfernen.

Knoblauch in feine Scheiben schneiden und im Olivenöl anschwitzen. Frühlingszwiebel und Tomaten dazugeben, alles durchschwenken und die Möhrenstifte zugeben. Alles kurz anbraten und mit dem Weißwein ablöschen. Etwa 5-10 Minuten köcheln lassen. Währenddessen die Zucchini mit der Hand auspressen und die überflüssige Flüssigkeit wegschütten. Die Nudeln zusammen mit dem

Rucola zur Sauce geben und kurz durchschwenken. Zum Schluss mit Salz und Pfeffer abschmecken und sofort servieren.

## Zucchini-Lasagne mit Pestosahnesauce (1 Stunde)

Zutaten (für 4 Portionen):

600 g Zucchini

200 ml Gemüsebrühe

75 g Sojagranulat

1 Schalotte

25 g schwarze Oliven, entsteint

30 g grüne Oliven, entsteint

TL Olivenöl

50 g TK-Erbsen

500 g passierte Tomaten

2 EL Tomatenmark

1 TL getrockneten Oregano

20 g Kürbiskerne

1 kleine Knoblauchzehe

15-20 frische Basilikumblätter

1 EL Zitronensaft

5 TL Olivenöl

125 g Soja Cuisine

4 EL Hefeflocken

Salz und Pfeffer

Backofen auf 250°C Grillstufe vorheizen. Zucchini waschen und längs in 1 cm dicke Scheiben schneiden. Von beiden Seiten salzen und auf einem Backrost verteilen. Von beiden Seiten je 5-7 Minuten grillen, rausholen. Backofen auf 180°C Umluft stellen. Gemüsebrühe kochen und Sojagranulat damit übergießen. 10 Minuten quellen lassen. Eventuell absieben. Die Schalotte schälen und fein schneiden. Oliven klein hacken. Olivenöl in eine beschichtete Pfanne geben und Schalotte darin 3 Minuten andünsten, dann das Sojagranulat dazugeben und kräftig anbraten.

Passierte Tomaten, Tomatenmark, Oliven, Erbsen und Oregano in die Pfanne geben. Würzen und bei niedriger Temperatur 10 Minuten unter gelegentlichem Rühren zugedeckt köcheln lassen.

Für die Pestosahnesauce die Kürbiskerne ohne Fett in der Pfanne rösten. Eine halbe Zitrone auspressen. Knoblauchzehe auspressen. Basilikum, Kerne, Knoblauch, Zitronensaft und Salz mit 4 TL Olivenöl pürieren. Soja Cuisine und 1/2 TL Salz in einem Topf aufkochen. Vom Herd nehmen und Hefeflocken unter Rühren einrieseln lassen. Dann das Pesto unterrühren. Eine Auflaufform mit etwas Öl einpinseln. Den Boden mit Zucchinischeiben bedecken und mit 3-4 EL Tomatensauce bestreichen. Darauf dünn Sahnesauce verteilen. Weitere Schichten nach demselben Muster auftragen. Mit einer Schicht

Sahnesauce abschließen. Im Ofen 10-15 Minuten backen.

## Fenchel-Tomaten-Auflauf (45 Minuten)

Zutaten (für 4 Portionen):

4 Fenchelknollen

3 Knoblauchzehen

1 TL Fenchelsaat

1 EL Tomatenmark

250 g Dosentomaten, gewürfelt

1 TL Thymian gehackt

1 TL Oregano gehackt

Saft und Zesten ½ Bio-Orange

1 EL Olivenöl

50 g grüne Oliven gehackt

Salz und Pfeffer

Fenchel im Ganzen in kochendem Salzwasser etwa 2 Minuten blanchieren. Abschrecken, dann in Spalten schneiden. Gegebenenfalls harten Strunk entfernen. In eine Auflaufform schichten.

Knoblauch schälen und fein hacken. In 1 EL heißen Öl mit Kräutern anschwitzen. Tomatenmark kurz mit anschwitzen. Tomaten, Orangensaft und Oliven zugeben. Etwa 10 Minuten köcheln lassen. Dann mit Zitronensaft, Salz und Pfeffer abschmecken. Über den Fenchel geben und im vorgeheizten Ofen bei 180°C ca. 20 Minuten backen.

Zum Schluss mit Zesten garniert servieren.

## Gebackenes Tofu-Gemüse mit Tomaten-Joghurt-Dip (35 Minuten)

Zutaten (für 2 Portionen):

3 Möhren

2 Zucchini

1 Aubergine

1 Fenchel

500 g Brokkoli

Salz

150 g Hokkaido-Kürbis

180 g Tofu natur

8 EL Olivenöl

1 EL Rosmarinnadeln, gehackt

1 TL getrockneter Oregano

200 g Sojajoghurt

2 EL Tomatenmark

1 EL Paprikapulver, edelsüß

schwarzer Pfeffer

Backofen auf 250°C vorheizen. Möhren schälen, halbieren und in etwa 1 cm dicke Scheiben schneiden. Zucchini waschen und in Scheiben schneiden. Aubergine und Fenchel waschen, in Scheiben schneiden. Brokkoli waschen, 400 g Röschen abschneiden und in kochendem Salzwasser etwa 2 Minuten garen, anschließend in einem Sieb abtropfen lassen. Kürbis entkernen und in Stücke schneiden. Tofu in Würfel schneiden. Alles in einer großen Schüssel mit Olivenöl, Kräutern und 1 TL Salz vermengen. Auf einem mit Backpapier belegten Backblech gleichmäßig verteilen und auf der obersten Schiene etwa 15 Minuten im Ofen garen. Sobald das Gemüse Farbe annimmt, herausnehmen und auf

Küchenpapier abtropfen lassen. Für den Dip Sojajoghurt mit Tomatenmark und Paprikapulver vermischen und mit Pfeffer würzen.

**Pizza (35 Minuten + 80 Minuten im Backofen)**

Zutaten (für 2 Pizzen):

50 g Leinsamen

200 g Mandeln

180 g + ½ Zucchini

2 TL getrockneter Oregano

2 EL Olivenöl

Salz

40 g weißes Mandelmus

1 TL Hefeflocken

1 Msp. Kurkuma

40 ml Wasser

2 Tomaten

70 g Champignons

1 Zwiebel

1 Knoblauchzehe

½ Aubergine

1 Paprikaschote

3 EL Olivenöl

80 g Tomatenmark

Für den Teig Mandeln und Leinsamen im Mixer zu Mehl mahlen. 180 g Zucchini, 1 TL Oregano, Olivenöl und 1 TL Salz hinzugeben. Alles zu einer feinen Masse mixen, diese halbieren. Beide Hälften jeweils zwischen zwei Lagen Frischhaltefolie ausrollen. Auf einem mit Backpapier belegtem Blech bei 120°C etwa 80 Minuten trocknen.

Mandelmus, Hefeflocken, Kurkuma, 20 ml Wasser und etwas Salz zu einer Käsesauce mischen.

Für den Belag die Tomaten waschen und Champignons putzen, beides in feine Scheiben schneiden. Aubergine und ½ Zucchini jeweils waschen und würfeln. Paprikaschote halbieren, entkernen, waschen und in dünne Streifen schneiden. Zwiebel schälen und in Ringe schneiden, Knoblauch ebenfalls schälen und fein hacken.

3 EL Olivenöl in einer Pfanne erhitzen. Das Gemüse, bis auf Zucchini und Tomaten, etwa 7 Minuten andünsten.

Tomatenmark, 1 TL Oregano und 20 ml Wasser zu einer Sauce verrühren und salzen. Sauce auf den Pizzen verteilen. Zuerst mit Tomatenscheiben belegen, dann mit dem angebratenen Gemüse und zum Schluss mit den Zucchiniwürfeln. Käsesauce darauf verteilen. Im Backofen bei 250°C etwa 5-7 Minuten backen.

## Tofu-Bolognese (50 Minuten)

Zutaten (für 4 Portionen):

400 g Tofu, natur oder geräuchert

1 Zwiebel

2 Knoblauchzehen

2 Möhren

2 Stangen Sellerie

5 EL Olivenöl

2 EL Tomatenmark

800 g Dosentomaten, gewürfelt

200 ml Gemüsebrühe

1 Bund Basilikum

Salz und Pfeffer

Tofu mit einer Gabel zerdrücken. Möhren waschen und schälen, Sellerie waschen. Beides in feine Würfel schneiden.

In einem Topf Olivenöl erhitzen. Den Tofu darin unter häufigem Rühren etwa 5 Minuten anbraten. Gemüse dazugeben und 4 Minuten weiterbraten. Tomatenmark hinzufügen und kurz unter Rühren mitrösten.

Tomaten und Gemüsebrühe zugeben und alles bei schwacher Hitze etwa 30 Minuten köcheln lassen. Inzwischen das Basilikum waschen, trocken schütteln, Blätter fein hacken und dazugeben. Mit Salz und Pfeffer abschmecken.

Die Sauce zu Gemüsenudeln servieren.

## Spinatcurry mit Erdnussmus (30 Minuten)

Zutaten (für 4 Portionen):

240 ml Kokosmilch

1 EL Erdnussmus

4 EL Margarine

1 Zwiebel

1 große Tomate

2 TL Currypulver

1 kg Spinatblätter

Salz

Pfeffer

Spinatblätter waschen und trocken schütteln. Tomate waschen und würfeln, Spinatblätter hacken. Zwiebel schälen und ebenfalls hacken.

Die Kokosmilch in einem großen Topf bei niedriger Hitze erwärmen und sanft köcheln lassen. Das Erdnussmus unterrühren, dann den Topf beiseitestellen-

In einer großen Pfanne die Margarine bei mittlerer Hitze zerlassen. Die Zwiebel mit Tomate und Currypulver etwa 5 Minuten anschwitzen. Den Spinat dazugeben und etwa 10 Minuten bei niedriger Hitze mitgaren.

Die erwärmte Kokosmilch mit dem Erdnussmus dazugeben und bei niedriger Hitze 5-8 Minuten unter ständigem Rühren köcheln lassen, damit nichts anbrennt. Nach Geschmack mit Salz und Pfeffer abschmecken und zu Gemüsenudeln servieren.

## Pak-Choi-Tofu-Wokpfanne (ca. 40 Minuten)

Zutaten (für 2 Portionen):

3 EL Pflanzenöl

1 Zwiebel

3 Knoblauchzehen

240 g Tofu

270 g Baby-Pak-Choi

240 g Patissons

260 g Zucchini

180 g Kirschtomaten

4 cm Ingwer

1 EL Tamarisauce

120 ml Gemüsebrühe

1 EL Limettensaft

Salz und Pfeffer

Den Tofu abtropfen lassen, inzwischen die Zucchini und Patissons waschen und würfeln. Tomaten waschen und halbieren. Ingwer schälen und fein reiben, Limetten auspressen. Tofu würfeln. Pak-Choi waschen, Knoblauch und Zwiebel schälen und anschließend hacken.

2 EL Öl im Wok erhitzen. Zwiebel und Knoblauch unter Rühren bei mittlerer Hitze goldgelb anschwitzen. Tofu-Würfel zugeben und leicht anbräunen. Patissons, Pak-Choi, Zucchini und Tomaten untermischen und mit garen. Das Tofu-Gemüse aus dem Wok nehmen, beiseitestellen.

Restliches Öl erhitzen. Ingwer und Tamarisauce 2 Minuten andünsten, Brühe angießen und zum Kochen bringen. Hitze reduzieren und Sauce 10 Minuten köcheln lassen. Limettensaft zugeben und mit Salz und Pfeffer würzen. Tofu-Gemüse hinzufügen und etwa 2 Minuten erhitzen.

## Shiitake-Geschnetzeltes (1 Stunde)

Zutaten (für 4 Portionen):

500 g Gemüse für Nudeln, z.B. Zucchini

3 EL Olivenöl

2 Knoblauchzehen

2 Schalotten

450 g Shiitakepilze

1 TL getrockneter Thymian

120 ml Weißwein

250 g Artischockenherzen, aus der Dose

75 g Kapern, aus dem Glas

50 g Cashews

4 EL Hefeflocken

Artischockenherzen abtropfen lassen. Zucchini waschen, trocknen und mit einem Spiralschneider (alternativ Sparschäler) zu Spaghetti schneiden. Shiitake-Pilze putzen und in Scheiben schneiden. Cashews und Hefeflocken im Mixer zu Parmesan mixen. Artischocken, Knoblauch und Zwiebeln hacken.

3 EL Öl in einer großen Pfanne bei mittlerer Hitze erhitzen. Schalotten und Knoblauch darin unter Rühren goldbraun anbraten. Die Hitze erhöhen, dann Pilze und Thymian hinzufügen und 5 Minuten mitbraten.

Wein dazu gießen und Hitze reduzieren. Weitere 3 Minuten weiter garen. Artischocken und Kapern untermischen. 4 Minuten köcheln lassen, dann die Gemüsespaghetti unterheben. Bei sehr niedriger Hitze etwa 3 Minuten erwärmen. Mit Cashewparmesan servieren.

## Erdnusseintopf (70 Minuten)

Zutaten (für 4 Portionen):

2 TL Pflanzenöl

1 rote Zwiebel

4 Knoblauchzehen

4 cm Ingwer

1 TL Kreuzkümmel

1,4 l Gemüsebrühe

240 g Erdnussmus

200 g (Dosen-)Tomaten

450 g Grünkohl oder Wirsing

Salz und Pfeffer

Den Kohl putzen, schneiden und hacken. Tomaten gegebenenfalls waschen und würfeln. Ingwer, Zwiebel und Knoblauch schälen und fein hacken. Das Öl in einem großen Topf bei mittlerer Hitze erhitzen. Zwiebel, Knoblauch und Ingwer darin goldgelb andünsten. Kreuzkümmel hinzugeben und die Brühe dazu gießen. Erdnussmus einrühren und auflösen lassen, danach Tomaten zugeben. Kohl hinzufügen und die Hitze reduzieren. Den Eintopf 45 Minuten köcheln lassen und dabei alle 10 Minuten umrühren. Zum Schluss mit Salz und Pfeffer abschmecken.

## Grüner Spargel mit Tofu-Sesam-Dip (30 Minuten)

Zutaten (für 4 Personen):

250 g Seidentofu

50 g Sesamsamen

1 kg grüner Spargel

4 EL helles Sesamöl

Meersalz

schwarzer Pfeffer

1 TL Tamari-Sauce (glutenfreie Sojasauce, aus dem Asialaden)

1 TL Walnussöl

Ein Sieb mit einem Küchentuch auslegen und in eine Schüssel hängen. Den Tofu hineingeben, mit den Rändern des Küchentuchs bedecken, mit einer Konservendose beschweren und 2 Stunden abtropfen lassen.

Die Sesamsamen in einer Pfanne ohne Fett anrösten, bis sie duften. Die Samen auf einem Teller abkühlen lassen und anschließend im Mörser grob hacken.

Den Backofen auf 200°C mit Grillstufe vorheizen. Ein Backblech mit Backpapier auslegen. Den Spargel waschen und im unteren Drittel schälen, die holzigen Enden abschneiden. Die Spargelstangen in einer Schüssel mit 2 EL Sesamöl vermengen und mit Salz sowie Pfeffer würzen. Auf dem Backpapier verteilen und im Ofen auf der mittleren Schiene 8-10 Minuten grillen.

Währenddessen den Tofu im Tuch nochmals fest ausdrücken und in einer Schüssel mit zwei Drittel der Sesamsamen, restlichem Sesamöl (2 EL) sowie Tamari kräftig verrühren. Den Tofu-Sesam-Dip in vier Schälchen füllen.

Die gegrillten Spargelstangen aus dem Ofen nehmen und auf dem Backpapier mit dem restlichen Sesam sowie dem Walnussöl vermischen. Den Spargel auf vier Teller verteilen und jeweils zusammen mit einem Dipschälchen servieren.

## Kohlrouladen mit Möhren-Champignon-Füllung auf Tomatensauce (40 Minuten)

Zutaten (für 4 Rouladen):

10 mittelgroße Möhren

Salzwasser

4 Champignons

8 Blätter Wirsing

2 kleine Zwiebeln

1 Dose Tomaten, gewürfelt

50 ml Sojamilch

1 EL Mandelmus, nach Belieben

Öl zum Braten

Salz

Pfeffer

einige Stiele Petersilie

1 TL Senf

Die Möhren schälen, in Stücke schneiden und in Salzwasser weichkochen. Die Wirsingblätter blanchieren. Dazu kann das kochende Wasser für die Möhren verwendet werden. Je 1 - 2 Blätter für 1 - 2 Minuten im kochenden Wasser blanchieren. Danach rausnehmen und zur Seite stellen.

1 Zwiebel und die Champignons würfeln und mit etwas Öl anbraten. Mit Salz und Pfeffer würzen. Sobald die Möhren weichgekocht sind, das Wasser abgießen. Die angebratenen Champignons und Zwiebeln zu den Möhren geben. Nach Belieben Senf, kleingeschnittene Petersilie und Mandelmus dazugeben. Mit 50 ml Pflanzenmilch zu einem Stampf verarbeiten.

Jetzt aus den Wirsingblättern und dem Möhrenstampf Rouladen formen. Dazu ein Wirsingblatt ausbreiten und einen gehäuften EL der Möhren in die Mitte geben. Das Wirsingblatt zusammenrollen und mit Zahnstochern befestigen. Mit einem zweiten Wirsingblatt nochmals umschließen und befestigen. Es ergibt 4 Rouladen. Öl in einer Pfanne erhitzen und die Rouladen bei starker Hitze von beiden Seiten anbraten, bis sie eine leichte Bräune angenommen haben. Vor dem Anrichten die Zahnstocher entfernen.

Für die Tomatensauce 1 Zwiebel würfeln und in einem Topf mit etwas Öl anbraten. Die Dosentomaten dazugeben und mit Salz und Pfeffer würzen. Ca. 5 Minuten köcheln lassen.

Die Kohlrouladen auf der Tomatensauce anrichten.

## Grüne Paprika mit Linsenfüllung (1 Stunde Einweichzeit + 80 Minuten Zubereitung)

Zutaten (für 4 Portionen):

4 Paprikaschoten

4 EL Rapsöl

1 TL Kreuzkümmelsamen

2 Zwiebeln

2 Chilischoten, grün

2 cm Ingwer

200 g rote Linsen

300 ml Gemüsebrühe

1 TL gemahlener Koriander

2 Stängel Koriander

Salz und Pfeffer

Linsen mindestens eine Stunde in reichlich Wasser einweichen lassen. Inzwischen Ingwer schälen, Koriander waschen und trocken schütteln, beides fein hacken. Die Deckel der Paprikaschoten abschneiden und von den Kernen befreien, Stielenden und Schoten waschen, anschließend beiseitelegen. Chilischoten ebenfalls entkernen und waschen. Zwiebeln schälen und zusammen mit den Chilis hacken. 2 EL Öl in einer großen Pfanne erhitzen. Die Paprika darin 5 Minuten goldbraun anbraten und beiseitestellen.

Weitere 2 EL Öl in die Pfanne geben. Kreuzkümmelsamen bei mittlerer Hitze 2 Minuten anrösten. Zwiebeln und Chilischoten hinzufügen und 8 Minuten andünsten, dabei umrühren. Ingwer unterrühren, Linsen abgießen und mit in die Pfanne geben. Nun auch die Gemüsebrühe dazu gießen. Alles erhitzen und zugedeckt bei mittlerer Hitze 15-20 Minuten köcheln lassen. Sobald die Flüssigkeit aufgesogen wurde, vom Herd nehmen und mit Salz und Pfeffer abschmecken. Gehackten und gemahlenen

Koriander unterrühren.

Backofen auf 180°C vorheizen. Linsenmasse in die Paprikaschoten füllen und mit den Deckeln schließen. Schoten aufrecht in eine ofenfeste Form setzen und 15-20 Minuten goldbraun backen.

## *Saatbrote*

### Ur-Brot (1 Stunde + 3 Stunden Quellzeit)

Zutaten (für 1 Leib):

135 g Sonnenblumenkerne

90 g Leinsamen

65 g Haselnüsse, oder Mandeln

145 g Haferflocken

2 EL Chiasamen

4 EL Flohsamen

1 TL Salz

1 EL Kokosblütensirup

3 EL Kokosöl, oder geklärte Butter

350 ml Wasser

Alle Samen, Kerne, Flocken und Nüsse in eine mit Backpapier ausgelegte Backform geben und mit einem Löffel gut durchmischen. Das Salz und den Ahornsirup dazugeben und noch einmal alles sehr gut mischen. Das Wasser nach und nach unter die Masse geben und den

Teig mind. 1 Min. kräftig durchrühren. Ist die Masse zu trocken, noch etwas Wasser dazugeben.
Den Teig in der Backform plattdrücken und 2 - 3 Stunden quellen lassen.

Das Brot im vorgeheizten Backofen bei 175 °C 20 Min. backen. Danach das Brot auf ein Kuchengitter stürzen und weitere 35 - 40 Min. backen.

Vor dem ersten Anschnitt komplett auskühlen lassen.

## Knäckebrot (1 Stunde + 2 Stunden Quellzeit)

Zutaten (für 1 Blech):

3 EL Chiasamen

18 EL Wasser, kalt, für die Chiasamen

175 g Kerne (Salatkerne-Mix)

50 g Mandelmehl, dunkel

10 g Kokosmehl

1/4 TL Salz

120 ml Wasser für den Teig

Für das Chiagel die Chiasamen mit den 18 EL Wasser vermischen. Anschließend die Mischung kaltstellen, damit die Samen quellen können. Nach etwa 2 Stunden ist eine gelartige Masse entstanden.

Jetzt alle Zutaten verrühren und 15 Minuten quellen lassen. Dann auf einem Backblech mit Backpapier dünn ausstreichen.

In der Zwischenzeit den Ofen auf 180 °C Ober-/Unterhitze vorheizen.

Mit einem kleinen Löffel oder einem Teigrädchen den Teig jetzt so einteilen, wie man möchte. Dadurch entstehen Sollbruchstellen und man kann später das ausgekühlte Knäckebrot super trennen.

Bei 180 °C 60 Minuten backen, je nach Dicke länger oder kürzer. Das fertige Knäckebrot aus dem Ofen nehmen und auskühlen lassen. Danach kann man es an den Sollbruchstellen ganz leicht auseinanderbrechen.

## Cracker (35 Minuten)

Zutaten (für 15 Stück):

130 g Sonnenblumenkerne

250 g Leinsamen

1 TL Salz

100 g Tomatenmark

1 Msp. Kurkuma

1 Prise schwarzer Pfeffer

Sonnenblumenkerne im Mixer zu feinem Mehl zermahlen. Mit den restlichen Zutaten in einer großen Schüssel vermengen und auf einem Backblech zwischen zwei Backpapieren ausrollen. Dafür den Teig auf einer Lage Backpapier flach drücken, mit einer weiteren Lage belegen und zu einem Rechteck mit Backpapiermaßen ausrollen.

Im Backofen bei ca. 80°C 45 Minuten trocknen. Zum Schluss Cracker zu Rauten schneiden.

## *Nascherei und Desserts*

### Zitronen-Muffins mit Mohn (40 Minuten)

Zutaten (für 15 Muffins):

70 g Weizengluten

50 g Leinsamen, geschrotet

40 g Sojamehl

20 g Weizenkleie

30 g Mandelmehl

2-4 EL Mohnsamen

1 ½ TL Backpulver

60 ml neutrales Pflanzenöl, z.B. Sonnenblume oder Raps

240 ml Pflanzenmilch, ungesüßt

60 ml Zitronensaft

1 ½ TL Süßungsmittel, flüssig

1 EL Zitronenzeste

1 ½ TL Vanille-Extrakt

Backofen auf 180°C vorheizen. Alle trockenen Zutaten in einer großen Schüssel vermengen. Flüssige Zutaten hinzufügen und alles mit einer Gabel verrühren, bis ein weicher Teig entsteht. Den Teig in 15 Muffin-Förmchen verteilen und 25 Minuten backen. Zum Schluss auskühlen lassen und servieren.

**Beereneis (ca. 10 Minuten + 5 Stunden Kühlzeit)**

Zutaten (für 4 Portionen):

700 g Beeren, z.B. Heidelbeeren

2 TL Bourbon-Vanillepulver

250 g Pflanzenmilch

2-3 Stängel Minze

Mindestens 5 Stunden vor der Zubereitung der Eiscreme die Beeren waschen und trocken tupfen. 50 g Beeren kühl stellen, den Rest vierteln und einfrieren. Die Beeren aus dem Gefrierschrank nehmen. 5 Minuten antauen lassen, inzwischen den Mark der Vanilleschote rauskratzen. Zusammen mit den gefrorenen Beeren und der Pflanzenmilch in einen Mixer geben. Zu einer eisähnlichen Masse pürieren; dabei immer wieder die Masse mit einem Löffel runter drücken. Das Eis in eine Schüssel füllen und zurück in den Gefrierschrank stellen.

Danach einige Minzblätter abzupfen, kurz abbrausen und trocknen. Kurz vor dem Servieren das Eis rausholen und anrichten.

## Tortelettes mit Beeren und Schlagsahne (1 Stunde)

Zutaten (für 4 Tortelettes):

400 g Mandeln

½ TL Vanille

95 g Kokosblütensirup

2 Prisen Salz

150 g frische Beeren, z.B. Himbeeren

180 ml frisch gepresster Orangensaft

½ TL Agar-Agar

200 g Kokosmilchfett

40 g weißes Mandelmus

30 g gehackte Nusskerne

etwas neutrales Pflanzenfett/-öl zum Einfetten

Mandeln im Mixer fein mahlen und mit der Vanille, 30 g Sirup und 1 Prise Salz zu einem glatten Teig verkneten. Tortelette-Formen einfetten. Teig mit den Fingern in die Formen drücken, danach wieder vorsichtig aus den Formen nehmen.

Beeren waschen, gegebenenfalls vierteln (bei Erdbeeren: dabei Blütenkelch entfernen). Anschließend auf den Tortelette-Böden verteilen.

In einem Topf Orangensaft, 40 g Sirup und Agar-Agar verrühren und aufkochen. 30 Sekunden kochen lassen, schließlich in den Kühlschrank stellen und nach 10 Minuten über die Beeren geben. Tortelettes für 15 Minuten kühl stellen.

Für die Schlagsahne Kokosmilchfett, 25 g Sirup, Mandelmus und 1 Prise Salz zu einer glatten Masse verrühren oder mit einem Pürierstab mixen. Anschließend mit einem Handrührgerät oder Schneebesen aufschlagen. Vor dem Servieren auf die Tortelettes geben und mit gehackten Nusskernen bestreuen.

## Herzhafte Kaffeecreme (20 Minuten + 2 Stunden Ruhezeit)

Zutaten (für 2 Portionen):

4 EL Sojamilch (Sojadrink)

3 EL, gestr. Kaffeepulver, instant

45 g Streusüße mit Stevia

300 g Sojaquark (Quarkalternative), ungesüßt

2 TL Zimtpulver

1 Msp. Kardamompulver

1 Msp. Nelkenpulver

1 TL Vanillemark

etwas Kakaopulver, ungesüßt

etwas Sojasahne (Sojacreme Cuisine)

Sojamilch, Kaffepulver und Streusüße miteinander verrühren und auf mittlerer Stufe erhitzen, bis das Kaffeepulver ganz aufgelöst ist. Dann in eine große Schüssel gießen und den Sojaquark unterheben. Die Mischung gründlich verrühren, bis eine homogene Masse entsteht. Jetzt nach und nach Zimt, Vanillemark, Kardamom- und Nelkenpulver dazugeben und abschmecken. Alles nochmals gut verrühren und im Kühlschrank für mind. 2 Stunden kalt stellen.

Nach Belieben mit ungesüßtem Kakaopulver und Sojasahne garnieren.

## Avocado au Chocolat (ca. 5 Minuten)

Zutaten (für 2 Portionen):

3-4 vollreife (Hass-)Avocados

40 g Kakaopulver stark entölt

3-4 EL Agavendicksaft

200 ml Hafersahne

Mark einer Vanilleschote

Avocados halbieren und den Kern mit einem Küchenmesser entfernen. Das Fruchtfleisch mit einem Löffel auskratzen und zusammen mit den anderen Zutaten in ein hohes Gefäß geben. Mit einem Stabmixer zu einer gleichmäßigen Masse verarbeiten und abschmecken. Die fertige Mousse in Schälchen verteilen und kaltstellen oder direkt servieren.

## Cookie Dough (5-7 Minuten)

Zutaten (für 2 Portionen):

1 Dose Kichererbsen (265 g Abtropfgewicht)

50-70 g Kokosblütensirup (nach Geschmack)

30 g Haferflocken

20 g Mandeln, gemahlen

1 Prise Salz

1 TL Vanille

30 g Kakaonibs

ein Schuss Wasser (+/- 100 ml)

Die Kichererbsen in einem Sieb unter fließendem Wasser abspülen und abtropfen lassen.

Haferflocken mit Mandeln, Salz und Vanille in einen Mixer geben und fein mahlen. Sirup, Kichererbsen und einen Schuss Wasser dazugeben und solange mixen, bis ein homogener cremiger Teig entsteht. Die Wassermenge je nach gewünschter Konsistenz anpassen.

Den Teig in eine Schüssel geben und die Kakaonibs unterheben.

# Impressum

Henning Meinke

Wenckeweg 9

27404 Zeven

henning.meinke@outlook.de

# Haftungsausschluss

Der Inhalt dieses eBooks wurde mit großer Sorgfalt geprüft und erstellt. Für die Vollständigkeit, Richtigkeit und Aktualität der Inhalte kann jedoch keine Garantie oder Gewähr übernommen werden. Der Inhalt dieses eBooks repräsentieren die persönliche Erfahrung und Meinung der Autorin und dient nur dem Unterhaltungszweck. Der Inhalt sollte nicht mit medizinischer Hilfe verwechselt werden. Es wird keine juristische Verantwortung oder Haftung für Schäden übernommen, die durch kontraproduktive Ausübung oder durch Fehler des Lesers entstehen. Es kann auch keine Garantie für Erfolg übernommen werden. Der Autor übernimmt daher keine Verantwortung für das Nicht-Erreichen der im Buch beschriebenen Ziele. Dieses eBook enthält Links zu anderen Webseiten. Auf den Inhalt dieser Webseiten haben wir keinen Einfluss. Deshalb kann auf diesen Inhalt auch keine Gewähr übernommen werden. Die verlinkten Seiten wurden zum Zeitpunkt der

Verlinkung auf mögliche Rechtsverstöße überprüft. Für die Inhalte der verlinkten Seiten ist aber der jeweilige Anbieter oder Betreiber der Seiten verantwortlich. Rechtswidrige Inhalte konnten zum Zeitpunkt der Verlinkung nicht festgestellt werden.

Printed in Poland
by Amazon Fulfillment
Poland Sp. z o.o., Wrocław

65434513R00080